起動吧！乘坐80種交通工具遊世界

亨麗埃塔·德雷恩 著
凱蒂·夏福德 圖

新雅文化事業有限公司
www.sunya.com.hk

你想認識哪一種交通工具呢？

① 獨木舟（dugout boat）

歷史上最早的船是用樹幹建造的，人們會利用工具或火將樹的軀幹挖空。以前的人也會將木材並排，再用繩紮在一起，造成木伐。船的早期用途是讓人們在水上捕魚和到別的地方去交換貨物。

2 馬（horse）

早在幾千年前，馬匹已被人類馴養，用來騎乘出遊、拉動小貨車和戰車。馬匹強壯而且跑得很快，讓人能更快地到達更遠的地方，傳送信息和運送貨物也更方便了。

3 雙輪馬車（chariot）

雙輪馬車在古代戰場上是很可怕的東西。它一般由二至四匹快馬拉動，戰士會站在戰車平台上，或拿着長矛，或揮動刀劍，或拉弓射箭，向敵人大聲呼喊着衝殺過去。雙輪馬車競賽也是古代的運動比賽項目。

4 轎子（sedan chair）

轎子就是一張椅子的四邊和上下都有遮蓋，兩側各有一根桿子，由二至四個人把轎子抬起來。轎子在過去深受歡迎，尤其是那些不想在骯髒而且滿是泥濘的街道上行走的富人。

5 驛馬車（stagecoach）

驛馬車的名字，源於拉動車子的馬匹每走幾公里，就需要在驛站更換新一批，以保持馬車的前進速度。在蒸汽火車出現之前，這是最常見的公共交通工具。

6 第一列蒸汽火車（first steam train）

蒸汽火車透過燃燒煤把水加熱，製造蒸汽以推動引擎，令火車前進，所以工人要不斷將煤鏟入火堆中。世界上第一列在公共鐵路行駛的蒸汽火車於1825年通車，名為「機車一號」，它的速度達每小時24公里。

⑦ 小型賽車（go-kart）

小型賽車又名高卡車，是由駕駛者踩腳踏或藉汽油引擎來推動的小型四輪汽車。有些人會以車輪、鋼管，甚至割草機的零件來建造自己的小型賽車。

⑧ 驢子（donkey）

驢子可能是最古老的載貨動物，牠們幫人類運送重物已經有數千年歷史了。在英國的海邊度假勝地，讓小孩騎驢子是傳統的觀光活動。

⑨ 滑浪板（surfboard）

滑浪在全球各地都是很受歡迎的體育運動，特別是經常出現巨大海浪的國家，例如美國、巴西、澳洲。滑浪人會站在滑浪板上，嘗試滑到海浪的頂點並盡力保持身體平衡。

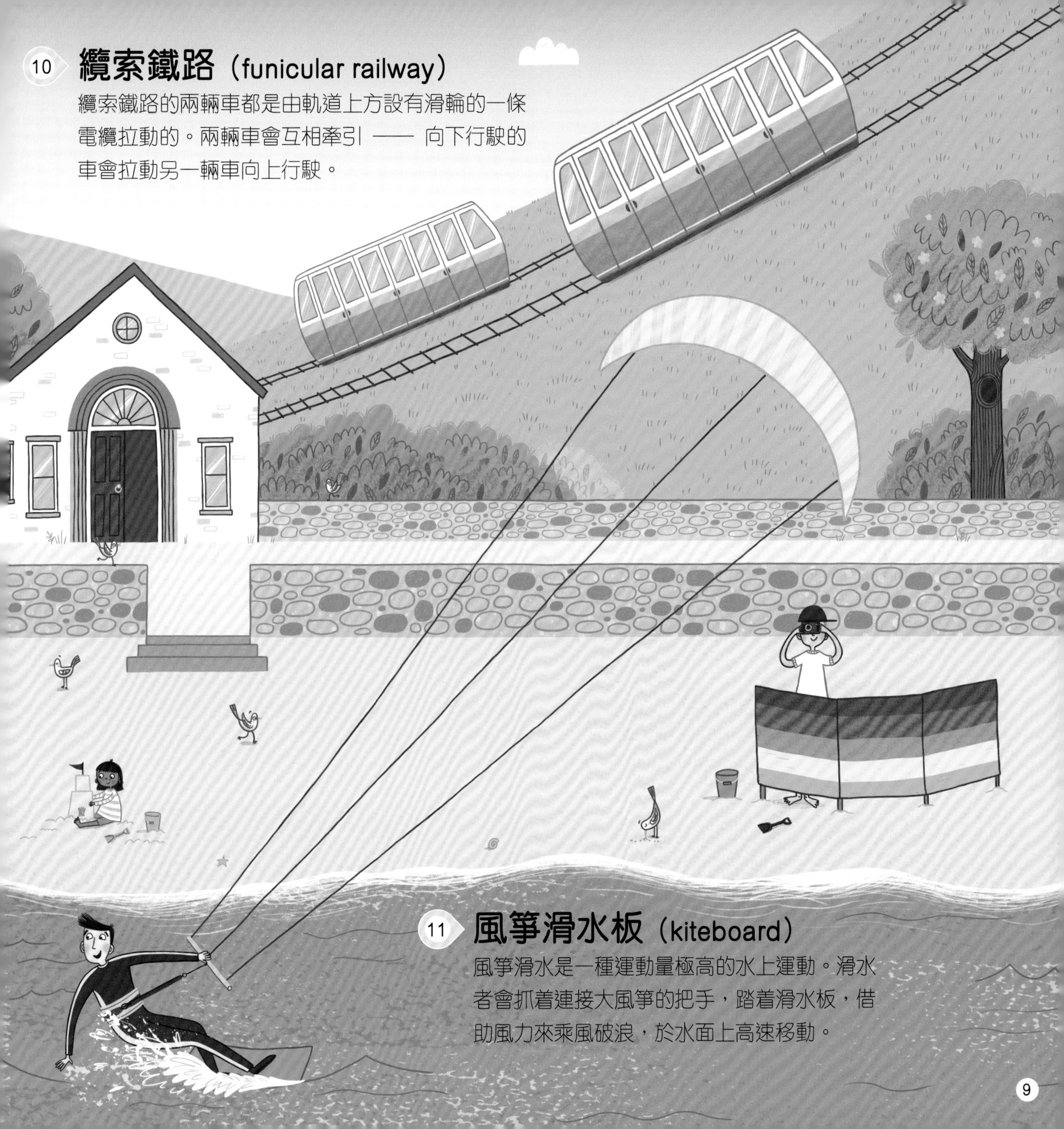

10 纜索鐵路（funicular railway）

纜索鐵路的兩輛車都是由軌道上方設有滑輪的一條電纜拉動的。兩輛車會互相牽引 —— 向下行駛的車會拉動另一輛車向上行駛。

11 風箏滑水板（kiteboard）

風箏滑水是一種運動量極高的水上運動。滑水者會抓着連接大風箏的把手，踏着滑水板，借助風力來乘風破浪，於水面上高速移動。

12 單車（bicycle）

據估計，全球大約有超過十億輛單車。踏單車既環保又能保持身材健美，除了常用於上學或上班的短途路程外，也是一種普及的運動和比賽項目。

13 電單車（motorcycle）

電單車種類很多，包括用於速度競賽的運動電單車、用於長途旅行的休旅電單車、用於野外冒險的越野電單車，以及看來很酷的美式機車（又名美式巡航車）。

14 單輪車（unicycle）

你需要高超的平衡力才能駕駛單輪車，因為它只有一個車輪，而且沒有控制方向的把手。在馬戲團、節慶表演，還有街頭表演中，常常能看見單輪車表演者。

15 雙人單車（tandem）

這是為兩個人而設的單車，設有前後兩個座位。前面的駕駛者負責控制方向，但兩個人要同時踩腳踏推動單車前進。有些單車有多於兩個座位，甚至達八個座位呢！

16 小帆船（sailing dinghy）

小帆船是無篷，只能乘載一至二人的小型船隻。它們容易操作，十分適合初學者用來學習駕駛船隻。小帆船非常輕，能快速滑過水面，給駕駛者非常有趣的航行體驗。

17 弓頂大篷車（bowtop wagon）

弓頂大篷車也稱為羅姆人（舊稱吉卜賽人）大篷車，這是一種由馬匹拉動的傳統車輛。外觀上，車篷裝飾得十分漂亮，內部有牀、衣櫥，還有煮食爐，爐具上方裝有讓煙噴出車外的煙囱。

18 拖拉機（tractor）

拖拉機用於拉動重型機器，農夫常常在需要大量體力勞動的工作上使用它們，例如犁地、播種和收割農作物。

19 運河船（canal boat）

數百年來，人類利用人工開鑿的運河來運送貨物。運河船原本用於運載貨物，現在則常用於河上觀光活動，甚至作為居所。

20 地面鐵路（overground train）

全球有數百萬人乘搭鐵路上班、探親或度假。鐵路較汽車環保，速度也較快，更不會塞車！

21 長途汽車（coach）

這是現代版的驛馬車，專為運載長途旅客而設。部分長途汽車內設有可斜躺的座位、摺枱、電視和洗手間，讓旅客在長途旅程中有舒適的享受。

22 電車（tram）

電車是一種公共交通工具，沿着街道上的路軌行駛。最早在路軌上行駛的車是由馬匹拉動的，現代的電車則多數由架空電纜的電力所推動。

23 的士（taxi）

的士最好的地方，是它可以隨你所想的時間和地點帶你到達目的地，不受車站的路線局限。有些的士可以預約，有些則可以直接在街上截乘。

24 電動平衡車（self-balancing scooter）

電動平衡車的時速可達每小時20公里，高於步行速度大約4倍。美國有些警察會使用電動平衡車協助捉拿疑犯。

25 雙層巴士（double-decker bus）

雙層巴士內設有一條樓梯將上下兩層連接。有些雙層巴士是開篷式的，方便旅客觀光。不少地方都有雙層巴士，但最著名的是倫敦的紅色巴士。

26 地鐵（metro train）

地鐵會穿過地下隧道或鐵路橋，將乘客運送到城市的不同角落。每個站之間距離不遠，方便乘客快速到達不同地方。

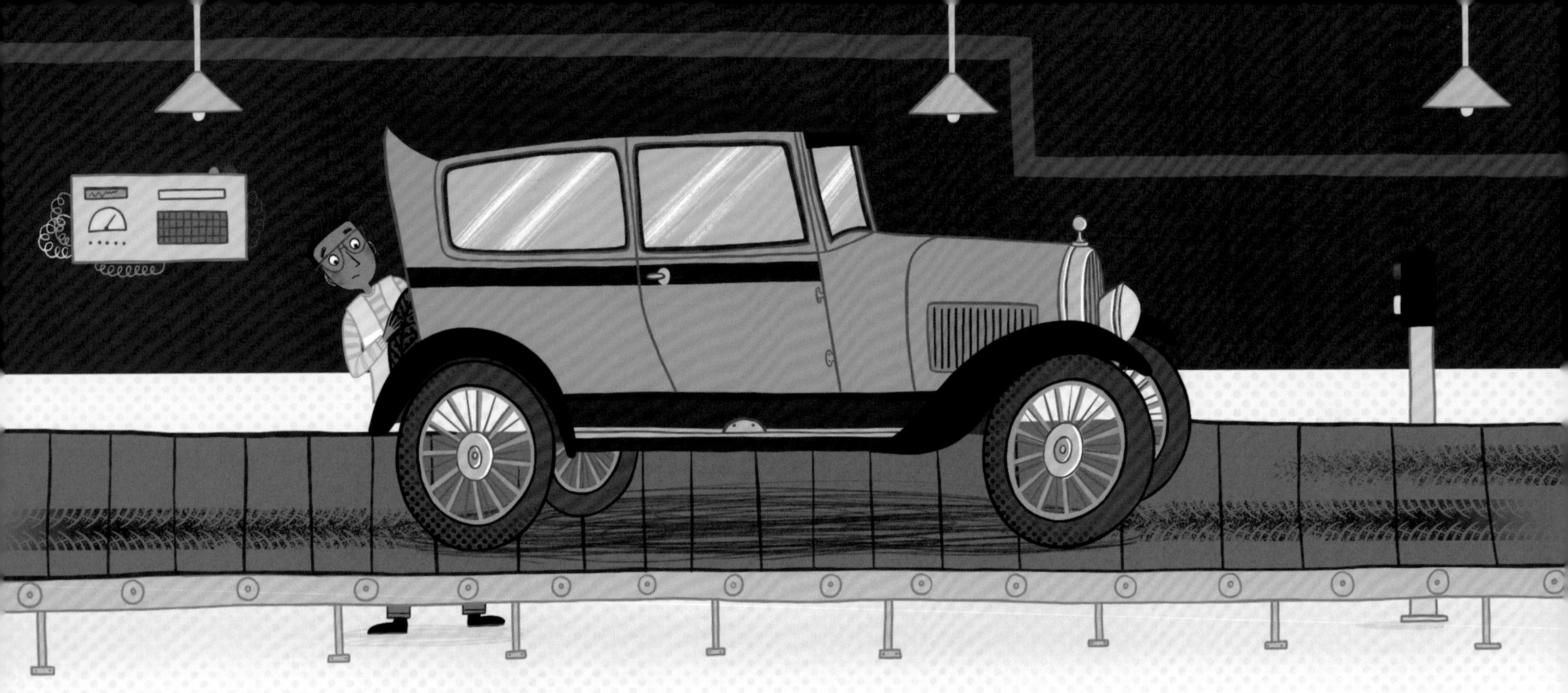

27 汽車（car）

最早的汽車被稱為「無馬的馬車」，由蒸汽、電力或汽油推動。1900年代以前，只有富有的人才有能力購買汽車，直至首輛平民化汽車——福特T型汽車出現。

當有研究指出，汽車引擎釋放的氣體對人類的健康和環境有害之後，汽車製造商開始研究以電力或更清潔的能源驅動汽車，並希望成為所有汽車未來的發展方向。

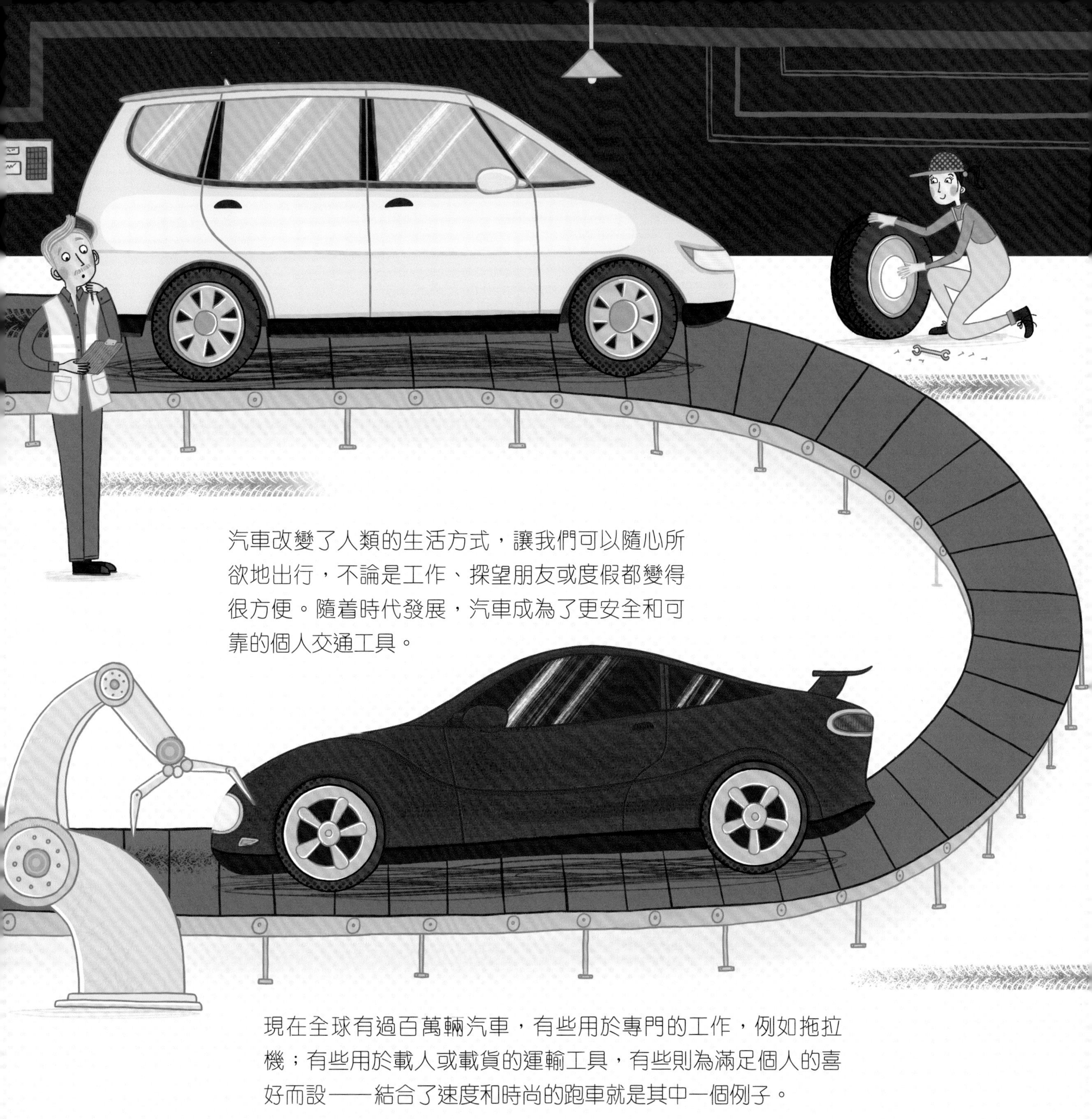

汽車改變了人類的生活方式，讓我們可以隨心所欲地出行，不論是工作、探望朋友或度假都變得很方便。隨着時代發展，汽車成為了更安全和可靠的個人交通工具。

現在全球有過百萬輛汽車，有些用於專門的工作，例如拖拉機；有些用於載人或載貨的運輸工具，有些則為滿足個人的喜好而設——結合了速度和時尚的跑車就是其中一個例子。

28 救援船（lifeboat）

救援船是為了海上的救援工作而設。救援船速度快、船身堅固，並易於操控，能於惡劣的海上環境下航行。船上還有很多安全設備，以應付各種緊急情況。

29 水上電單車（water scooter）

水上電單車的座位和把手與陸上的電單車很相似，但它是由尾部高速噴射出來的水流所驅動，所以能於水面高速滑行。

30 潛水艇（submarine）

潛水艇能於水底或水面行駛，有些甚至能潛到海牀，科學家便可以從中觀察和研究罕見的深海魚類和其他生物。

31 渡輪（ferry）

渡輪是用來運載乘客或汽車橫越河流或短距離的海洋。它們能運載過百輛的私家車、貨車、大量乘客，甚至列車！

32 氣墊船（hovercraft）

氣墊船使用特製的鼓風機將空氣注入船隻底部的氣墊內，令氣墊船能在海上或凹凸不平的地面航行。氣墊船可用作渡輪、觀光和執行緊急救援服務。

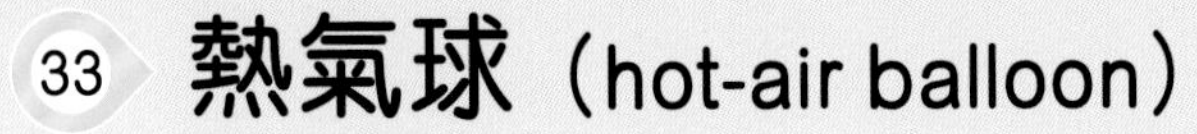

33 熱氣球（hot-air balloon）

熱氣球利用加熱器將氣球內的空氣加熱。由於熱空氣會上升，熱氣球因此被帶動從地面升起。降落時，空氣會被排出氣球外，熱氣球也隨之慢慢地下降到地面。

世上第一次利用熱氣球橫越太平洋是在1991年，由名為Virgin Otsuka Pacific Flyer的熱氣球從日本飛到加拿大。旅程歷時46小時15分鐘，所用的熱氣球是當時最大的。

熱氣球飛行時非常安靜，能飛過動物上方而不會造成滋擾，所以人們常用它來觀察野生動物和自然環境。

34 快艇（speedboat）

快艇上的大型引擎令它能在水上以超高速行駛。這些馬力強大的船隻可用於速度競賽、進行深海釣魚活動和滑水等水上運動，同時也用於執行緊急救援服務。

35 貢多拉（gondola）

這種以人手划動的平底船常見於意大利威尼斯。那裏由很多細小的島嶼組成，道路或汽車都很少，貢多拉便成了其中一種理想的交通工具。船夫會站在船的一端，搖着一根櫓控制船的移動。

36 水上巴士（vaporetto）

水上巴士是在威尼斯內沿着固定水道和運河行駛的。每年有成千上萬的遊客會乘坐水上巴士觀賞威尼斯的美景。

37 愛斯基摩艇（kayak）

這種細小、狹長、以槳推動的船隻只能乘載一至二人。它的英文名稱kayak意指「獵人的船」，是愛斯基摩人最初為了捕魚和狩獵而設計的船。

38 雪地電單車（snowmobile）

雪地電單車外形像電單車，但兩個前輪變成兩塊滑雪板，後輪則變成履帶，讓電單車能在冰雪上滑行。對生活在嚴寒地區的居民來說，雪地電單車是不可或缺的交通工具。

39 哈士奇雪橇（husky dog sled）

數百年前，人們已經懂得用犬隻拉雪橇來運載人和物資橫跨雪地了。哈士奇身體強壯，跑速飛快，厚厚的皮毛和肉墊都能幫助牠們在漫天冰雪的環境中生存，堪稱完美的雪橇犬。

40 全地形車（all-terrain snow vehicle）

全地形車是為了在最惡劣的環境，例如積雪最深的雪地、山坡最陡斜的地方行駛而設。它們具有寬闊的橡膠履帶，即使地面凹凸不平或濕滑都不成問題，非常適合用於搜索和拯救任務。

41 雪橇（sleigh）

雪橇就像是一個沒有頂蓋的車廂，由馬匹，有時甚至是馴鹿拉動！雪橇沒有車輪，而是用大滑板讓它能夠在濕滑的雪地和冰上滑行。

42 滑雪纜車（ski lift）

從雪山上滑下來容易，但要回到山上卻很困難！這就是滑雪纜車出現的原因。這些纜車安裝在電纜上，並在纜車站之間不斷往來，滑雪者只要乘搭纜車就能輕鬆回到山頂。

43 單板滑雪板（snowboard）

單板滑雪板板身短而闊。滑雪者將靴子繫緊在板上，透過身體向前或後傾，或向左右側傾，控制滑雪板前進、停下或轉彎。有些人甚至能做出翻騰等高難度花式動作。

44 雙板滑雪板（skis）

雙板滑雪板板身長而窄。滑雪者將靴子分別固定在兩塊板上，並拿着雪杖滑雪。雙板滑雪板很適合人們從雪坡上高速滑下和在冰地上飛速前進。在某些山區，以雙板滑雪板滑下山坡和橫越國界是非常受歡迎的冬季運動。

45 溜冰鞋（ice skates）

大約在5,000年前，人類發現在冰上滑行較步行快，於是利用動物骨頭製作出溜冰工具。時至今日，溜冰鞋鞋底的冰刀是用鋼片製造的，讓我們能夠在冰上快速滑行。

46 小型滑翔機（microlight）

這是一種非常輕巧的飛機，只有一或兩個座位，能夠以大約每小時161公里的速度飛行。小型滑翔機看起來不是很結實，但其實很可靠，有些甚至曾經飛遍世界各地。

47 纜車（cable car）

纜車是懸掛在鋼纜上的車廂，能夠將乘客運送到山上或山下。這全靠設置在纜車站裏，連接着引擎的大輪，將纜車循環往復地送上山或下山。

48 激流漂筏（whitewater raft）

這是一項刺激的活動，參加者會坐在一個充氣橡皮筏上，從急速的河流上游漂流而下。活動中帶有「激流」二字，是因為當河水流過石頭時水流會變得極為急速，並會翻騰攪動，形成湍急的流水。

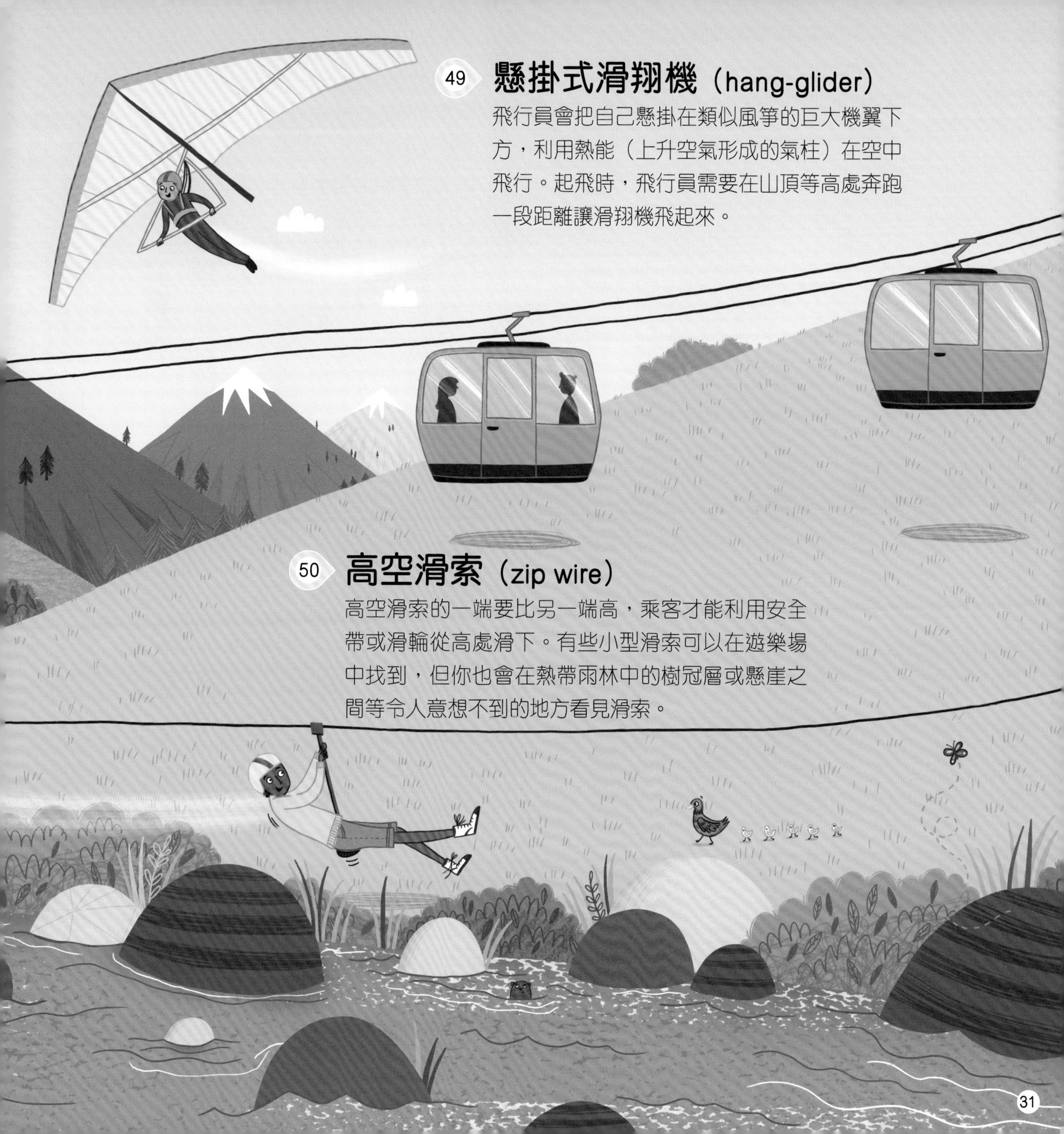

49 懸掛式滑翔機（hang-glider）

飛行員會把自己懸掛在類似風箏的巨大機翼下方，利用熱能（上升空氣形成的氣柱）在空中飛行。起飛時，飛行員需要在山頂等高處奔跑一段距離讓滑翔機飛起來。

50 高空滑索（zip wire）

高空滑索的一端要比另一端高，乘客才能利用安全帶或滑輪從高處滑下。有些小型滑索可以在遊樂場中找到，但你也會在熱帶雨林中的樹冠層或懸崖之間等令人意想不到的地方看見滑索。

51 駱駝（camel）

數千年來，人們利用駱駝橫越酷熱乾旱的地區，駱駝也因此贏得「沙漠之舟」的美譽。駱駝不單可以載人，也可用來運載行李，而且奔跑速度可高達每小時65公里。

駱駝非常適合穿越沙漠：牠們會將脂肪儲存在駝峯中，在缺乏食物或水源的情況下從中獲取能量；牠們濃密的睫毛和特殊的眼瞼可保護眼睛免受沙塵侵害，甚至可以封閉鼻孔，隔絕沙塵。

駱駝分為兩種，有一個駝峯的是單峯駱駝或稱為阿拉伯駱駝，常見於北非和中東；而有兩個駝峯的則是來自中亞地區的雙峯駱駝。

一列攜帶乘客或貨物，並沿着常規路線行走的駱駝隊伍被稱為「駱駝火車」或「駱駝商隊」。在古代，「駱駝火車」是重要的運輸方式，讓相隔兩地的人可以互相買賣貨物。

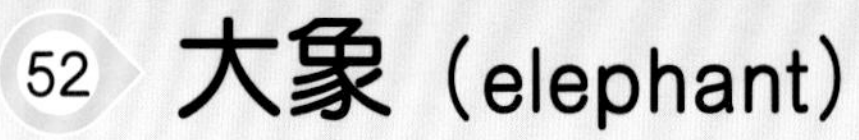

52 大象（elephant）

大象身體強壯，行走時又穩當，非常適合載着人在崎嶇不平的路上行走。大象曾被用於慶典巡遊中或作為狩獵者的坐騎，現在則主要是載着遊客享受一趟舒適的觀光旅程。

53 人力三輪車（cycle rickshaw）

人力三輪車在亞洲非常普遍，但其實它在全球各地也常用作快速的短距離運輸。它通常是由單車連接着有輪子的車廂，裏面可載一至兩位乘客。

54 篤篤（tuk-tuk）

這是機動版的三輪車，是泰國、柬埔寨等國家常見的交通工具。「篤篤」的名字是來自它的引擎聲。

55 小型電單車（motor scooter）

小型電單車又稱為「綿羊仔」。它的售價便宜、容易駕駛，非常適合在繁忙的城市街道內穿梭。雖然它是電單車的一種，但引擎較細小，不能行駛太快。不過它容易改變速度和方向。

56 磁浮列車（maglev）

磁浮列車車廂底部裝有巨型的磁石，它和車軌上的磁力產生作用，令列車可以懸浮在軌道上並高速行駛。日本有一列磁浮列車，車速高達每小時603公里，是目前世界上最快的列車。

57 四輪電單車（quad bike）

四輪電單車適合在崎嶇的地面上行走。牧場主人會駕駛它們走遍遼闊的牧場以照顧牲畜，也有人用它們在沙漠、雪地或泥地上的賽道進行比賽。

58 有軌電車（streetcar）

有軌電車最先在美國三藩市出現，目的是運載市民往返市內多個小山坡。操作員用鋼纜夾將有軌電車與設於街道下方的鋼纜連接起來，透過鋼纜被絞緊和放鬆所釋放的力量拉動電車。

59 滾軸溜冰鞋（rollerblades）

滾軸溜冰鞋又名直排滾軸溜冰鞋，因為安裝在靴子上的輪子是一行排列的。人們最初發明滾軸溜冰鞋，是希望在不結冰的季節也能玩「冰上」曲棍球，後來慢慢將滾軸溜冰鞋用於更多不同的娛樂活動和競賽運動上。

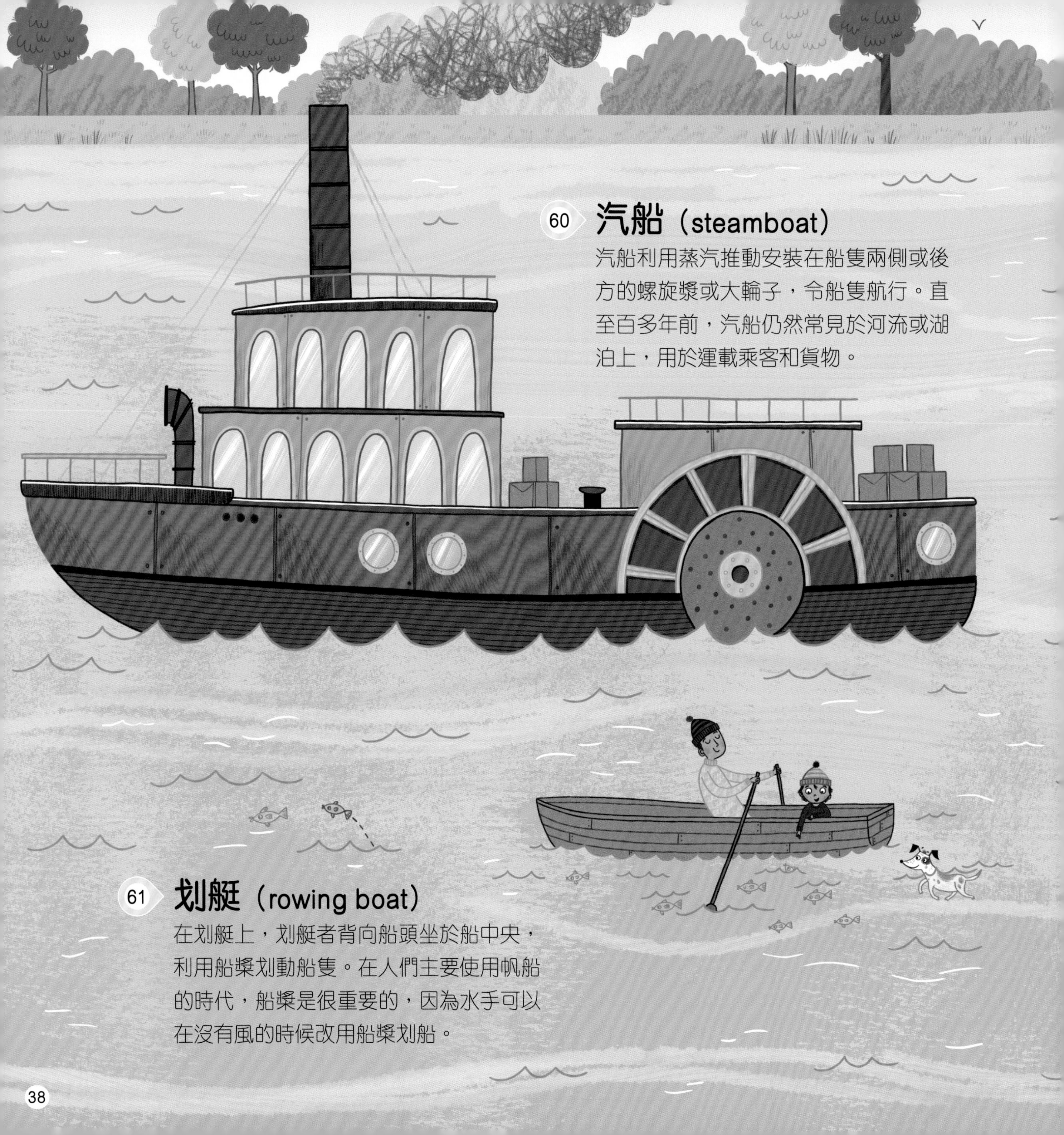

60 汽船（steamboat）

汽船利用蒸汽推動安裝在船隻兩側或後方的螺旋槳或大輪子，令船隻航行。直至百多年前，汽船仍然常見於河流或湖泊上，用於運載乘客和貨物。

61 划艇（rowing boat）

在划艇上，划艇者背向船頭坐於船中央，利用船槳划動船隻。在人們主要使用帆船的時代，船槳是很重要的，因為水手可以在沒有風的時候改用船槳划船。

62 遊艇（yacht）

遊艇常用於休閒度假方面。遊艇種類很多，從用於短程一日遊的小型遊艇，以至備有船艙、廚房和長途旅程一切所需的豪華遊艇，供人們自由選擇。

63 水上單車（pedalo）

水上單車靠人們踩動踏板，推動船槳在水上行走，常見於湖泊或平靜的海上。不過在2018年，有一支四人隊伍首次利用水上單車橫越了大西洋，距離長達4,828公里！

64 彈跳桿（pogo stick）

彈跳桿是一根裝有彈簧的桿子。使用者要站在腳踏位置，上下跳動來使彈跳桿跳動。人們通常在公園或遊樂場內用它們玩樂，有些人甚至能做出花式動作。

66 跳跳球（space hopper）

跳跳球大概於1970年代出現。跳跳球是個充氣的大型橡膠球，你可以坐在球上面，握着球的「雙耳」保持身體平衡，在路上彈來彈去。

65 滑板（skateboard）

滑板的設計意念可能來自想在陸地上滑行的滑浪者。滑板運動在全球各地都很受歡迎，很多城市設有滑板公園，內裏有坡道和跳台供滑板者玩樂。

67 滑板車（scooter）

很久以前，小孩會用木頭或廢料製作自己的滑板車。滑板車現時仍然很受歡迎，有些人會用它在公園玩耍，有些會把它作為上學甚至上班的交通工具。

68 摺疊式嬰兒車（pushchair）

摺疊式嬰兒車能載着嬰幼兒到不同的地方。這種手推車必須輕巧，以便推動和摺起收藏，同時也必須有良好的車輪和剎車設計，確保行駛時安全和暢順。

69 消防車（fire engine）

消防車內有多種滅火和救援工具，還有一個大水缸。不過單靠水缸內的水並不足以滅火，所以車上設有特殊的水泵，既可以在災場附近的水源直接取用海水或湖水滅火，也可以用來吸走大雨帶來的積水。

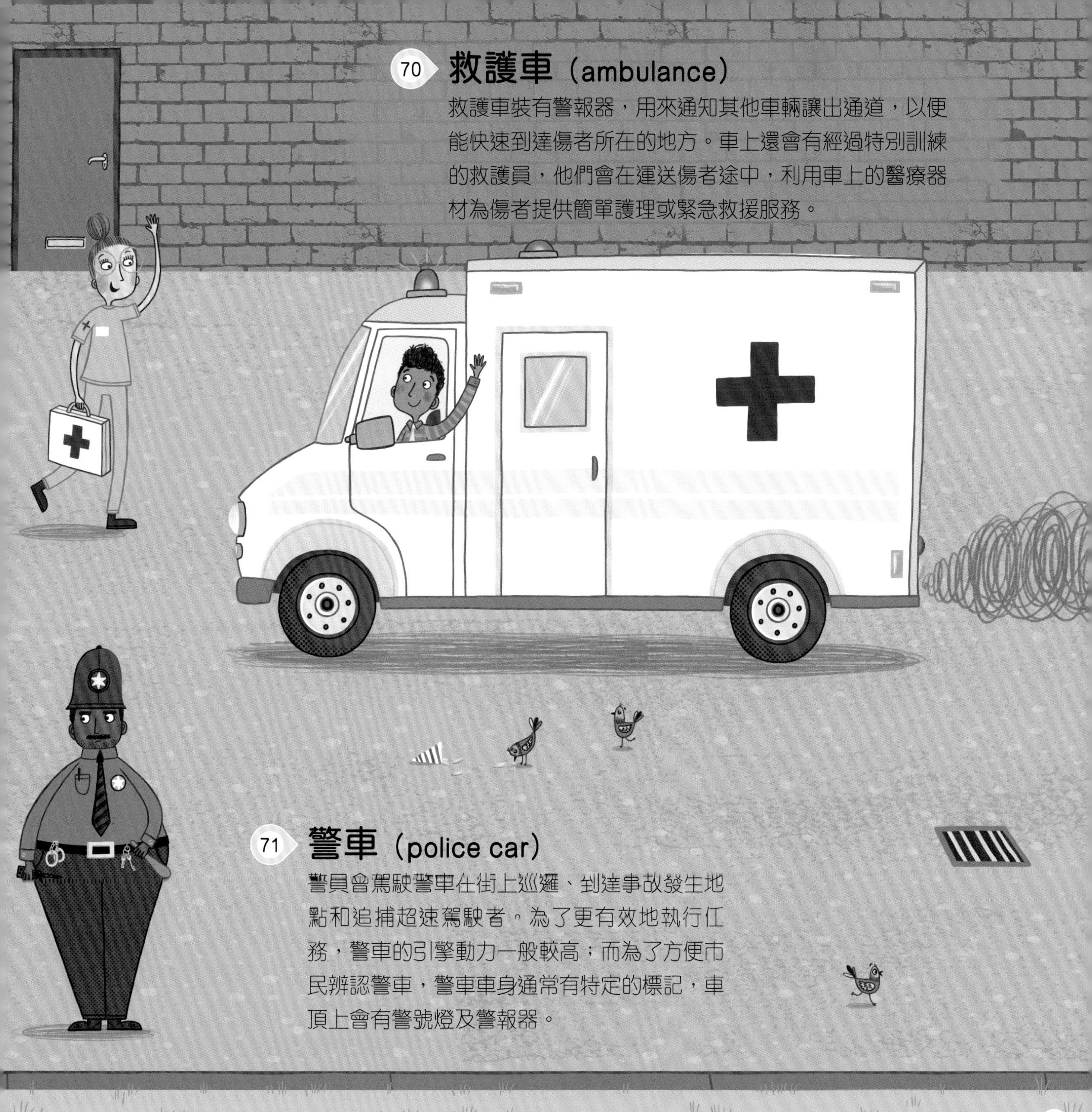

70 救護車（ambulance）

救護車裝有警報器，用來通知其他車輛讓出通道，以便能快速到達傷者所在的地方。車上還會有經過特別訓練的救護員，他們會在運送傷者途中，利用車上的醫療器材為傷者提供簡單護理或緊急救援服務。

71 警車（police car）

警員會駕駛警車在街上巡邏、到達事故發生地點和追捕超速駕駛者。為了更有效地執行任務，警車的引擎動力一般較高；而為了方便市民辨認警車，警車車身通常有特定的標記，車頂上會有警號燈及警報器。

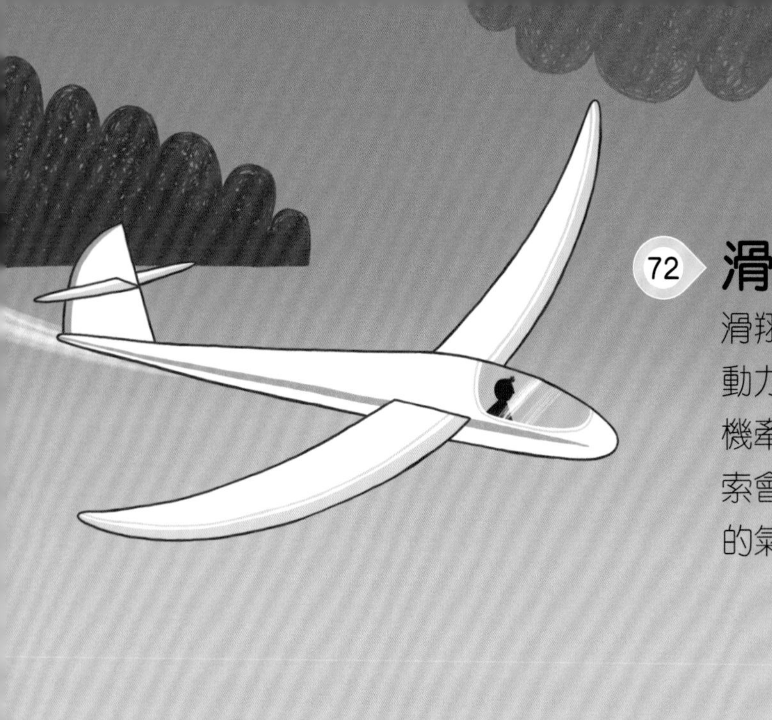

72 滑翔機（glider）

滑翔機一般是沒有引擎的。透過有動力的飛機、汽車等，可以把滑翔機牽引到空中，然後用於牽引的纜索會被解開，滑翔機便會乘着上升的氣流繼續在空中飛翔。

73 水上飛機（seaplane）

水上飛機配備浮筒，因此可以在水上起飛和降落。大部分的水上飛機依靠浮筒使機身遠離水面；而一種稱為飛行艇的水上飛機，機身外形就像一艘船，而且本身便具有浮力的設計，不必依靠浮筒。

74 直升機（helicopter）

直升機利用多個轉動的槳葉從地面垂直升起、在空中停留和飛行。由於它們可以在傳統飛機無法到達的地方降落，因此常用於空中救援和海上救援等緊急服務。

75 客機（passenger jet）

有些飛機以載貨為主，有些則以載人為主，例如客機。每年可能有超過數百萬度假人士和商務旅客乘坐客機前往世界各地。客機的飛行速度很快，令以往需時幾天或幾周的行程可以縮短成幾小時，令世界好像變得細小了。

76 火箭（rocket）

土星五號火箭是為了阿波羅登月計劃而建造的，負責將阿波羅太空船運載上太空——它在1969年成功將人類首次帶到月球。土星五號比36層高的建築物還要高，是有史以來最大、最強力的火箭。

77 登陸艇（landing craft）

登陸艇是太空船中降落到月球表面的部分——它是一個獨立載具，可以和太空船分離的。阿波羅太空船共分三個部分：服務艙、指揮艙和作為登陸艇的登月艙。

79 太空穿梭機（space shuttle）

太空穿梭機是首個可重複使用的太空船，它們像火箭一樣發射，可載人到太空進行研究，並將衞星送入軌道或將它帶回地球修理。任務結束時，太空穿梭機將會回到地球，並等候安排進行下一個任務。

78 噴射背包（jetpack）

太空人使用噴射背包在太空站外移動。原理是利用背包內被點燃的氮氣變成高壓氣體，並從背包上的噴嘴噴出來以產生推力，讓太空人可以向各個方向移動。不過，科學家尚未研發出在地球上使用噴射背包飛行的技術。

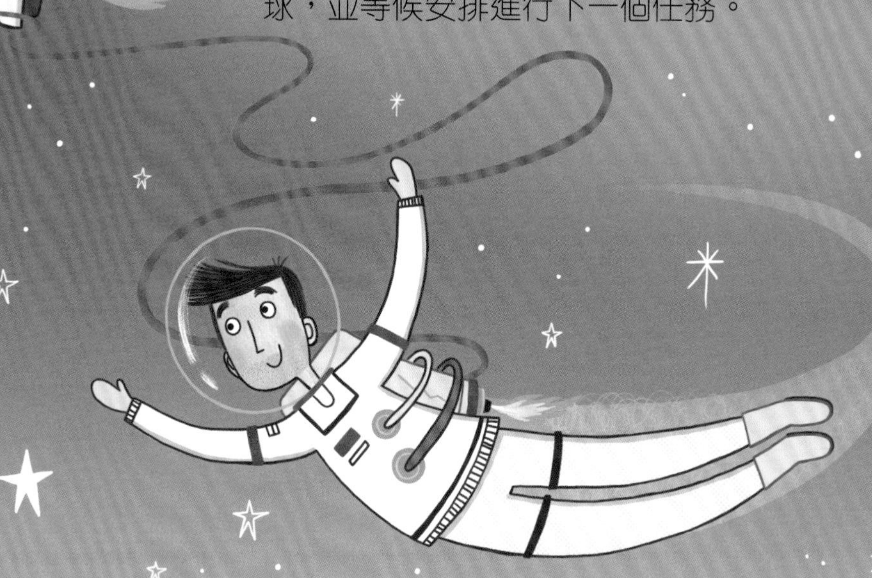

80 月球車（moon buggy）

月球車由電池驅動，負責在月球表面運送太空人及他們的探測設備。有三輛月球車完成任務後未有被帶走，至今仍然在月球上！

新雅・知識館

起動吧！乘坐80種交通工具遊世界

作者：亨麗埃塔・德雷恩（Henrietta Drane）
繪者：凱蒂・夏福德（Katy Halford）
翻譯：馬炯炯
責任編輯：潘曉華
美術設計：蔡學彰
出版：新雅文化事業有限公司
香港英皇道499號北角工業大廈18樓
電話：（852）2138 7998
傳真：（852）2597 4003
網址：http://www.sunya.com.hk
電郵：marketing@sunya.com.hk
發行：香港聯合書刊物流有限公司
香港新界大埔汀麗路36號中華商務印刷大廈3字樓
電話：（852）2150 2100
傳真：（852）2407 3062
電郵：info@suplogistics.com.hk
印刷：中華商務彩色印刷有限公司
香港新界大埔汀麗路36號
版次：二〇一九年五月初版

ISBN: 978-962-08-7274-7
Original title: Around the World in 80 Ways

18/F, North Point Industrial Building, 499 King's Road, Hong Kong
Published and printed in Hong Kong